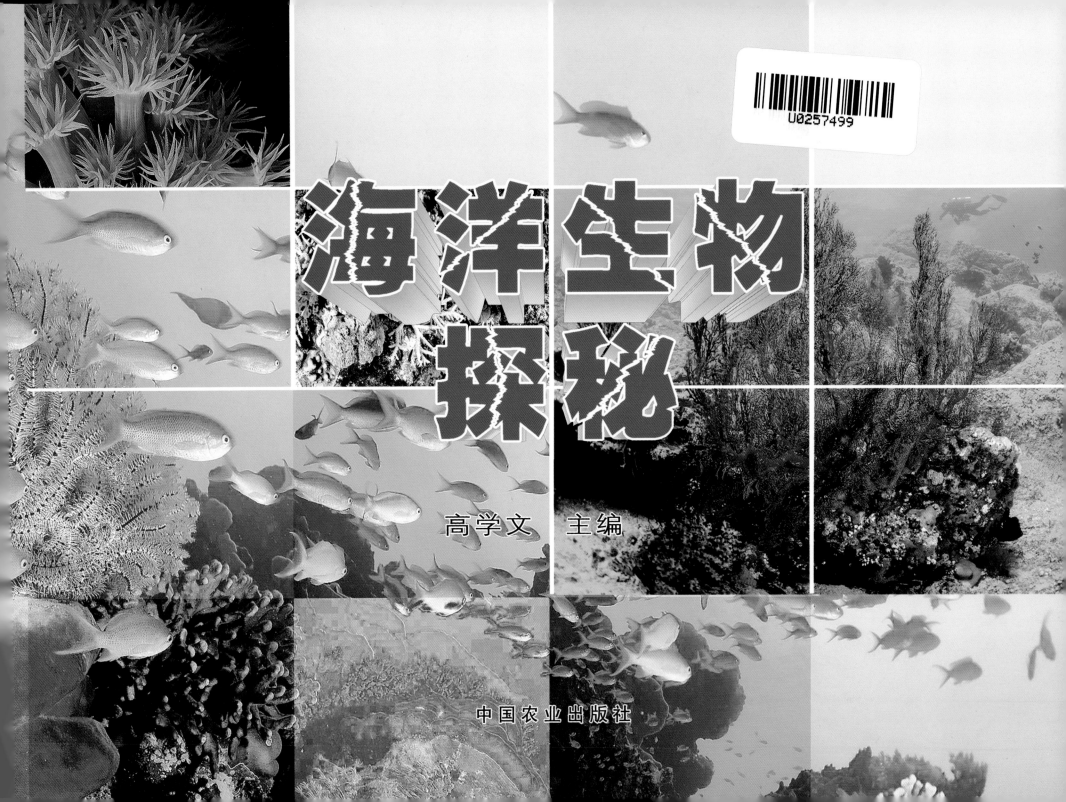

海洋生物探秘

高学文　主编

中国农业出版社

图书在版编目（CIP）数据

海洋生物探秘/高学文主编 . —北京：中国农业
出版社，2017.7（2021.10 重印）
ISBN 978-7-109-23183-2

Ⅰ.①海…　Ⅱ.①高…　Ⅲ.①海洋生物—普及读物
Ⅳ.①Q178.53-49

中国版本图书馆 CIP 数据核字（2017）第 162004 号

中国农业出版社出版
（北京市朝阳区麦子店街 18 号楼）
（邮政编码 100125）
责任编辑　周锦玉

北京中科印刷有限公司印刷　　新华书店北京发行所发行
2017 年 7 月第 1 版　　2021 年 10 月北京第 2 次印刷

开本：880mm×1230mm 1/16　　印张：5.5
字数：100 千字
定价：40.00 元
（凡本版图书出现印刷、装订错误，请向出版社发行部调换）

编 写 人 员

主　编　高学文

副主编　孙　纳　何　平　王　鉴　段　妍

编　者　高学文　孙　纳　何　平　王　鉴

　　　　段　妍　张宸瑜　柳　岩　高　颖

　　　　高湛东　傅志宇

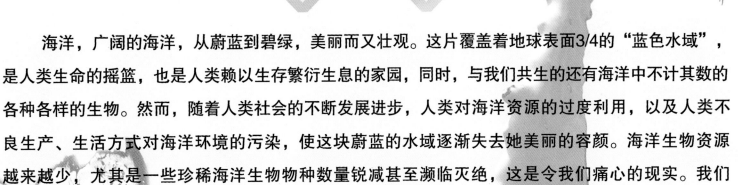

前　言

　　海洋，广阔的海洋，从蔚蓝到碧绿，美丽而又壮观。这片覆盖着地球表面3/4的"蓝色水域"，是人类生命的摇篮，也是人类赖以生存繁衍生息的家园，同时，与我们共生的还有海洋中不计其数的各种各样的生物。然而，随着人类社会的不断发展进步，人类对海洋资源的过度利用，以及人类不良生产、生活方式对海洋环境的污染，使这块蔚蓝的水域逐渐失去她美丽的容颜。海洋生物资源越来越少，尤其是一些珍稀海洋生物物种数量锐减甚至濒临灭绝，这是令我们痛心的现实。我们不敢想象，一旦失去了蔚蓝的海洋，地球的生命也有可能走到尽头。因此，我们必须保护海洋和海洋生物，保护地球的生命之源，这是我们人类的光荣使命和艰巨责任。

　　保护海洋生物不仅要制止人类对海洋生物资源的过度利用，防止环境被污染，而且要通过对海洋生物的宣传科普，让人们知道如何才能保护好海洋生物活动和栖息的环境，使这片"蓝色水域"造福于人类。因此，本书选取一些濒危的海洋物种，向广大读者展示这片"蓝色水域"中栖息的生物，介绍它们的生活习性，并配有精美图片，以期让读者对海洋生物有所了解，加深人们对海洋濒危生物的认识，增强人们保护海洋环境、爱护海洋生物的意识。让地球这个蔚蓝的星球更加和谐、耀眼。

目 录

蓝鲸

蓝鲸是我们人类已知的地球上生存过的所有生物中最大的生物。

已发现的世界上最大的恐龙——震龙，它的身长有39～52米，身高可以达到18米，体重达到130吨。

已发现的世界上最大的蓝鲸体长达33米，重达181吨。

这个体重将近200吨的大家伙，要是与非洲象比较，则相当于非洲象体重的25倍之多；再近一点，如果与人的体重比较，那得要2 000～3 000个成年人的体重总和，所以人们称它们是海上巨兽。

1

中文名	蓝鲸
学名	*Balaenoptera musculus*
别称	剃刀鲸
门	脊索动物门
纲	哺乳纲
目	鲸目
亚目	须鲸亚目
科	鳁鲸科
属	鳁鲸属

1. 外形特征

喷气孔　用来吃东西的须板

须板

蓝鲸的体重如此巨大，好，我们把它的舌头拿来称一下，啊！竟达2吨重；肺呢？1.5吨；肝呢？1吨。它的心脏和小汽车一样大，就连它的血管也足能容纳小孩子爬过。这样来看，它的体重就不足为奇了。

蓝鲸，顾名思义，即全身呈蓝灰色，远远望去，灰蓝灰蓝的。仔细观察，它的背脊是浅蓝色的，背部还长有淡色的细碎斑纹，胸部有白色的斑点，褶沟在20条以上，腹部也布满褶皱，长达脐部，并带有赭石色的黄斑。

蓝鲸的头相对较小而扁平、呈U形，在头顶上有2个喷气孔。当要浮出水面呼吸时，它将肩部和气孔区域浮出水面，风平浪静时，它会喷出10多米高的水柱，我们在几千米外都能看到，蔚为壮观。我们如何来判断蓝鲸的年龄呢？这个问题并不难，在蓝鲸的耳膜内每年都积存有很多蜡，根据蜡的厚度，就可以判断它的年龄了。

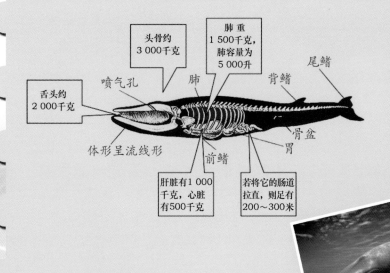

头骨约3 000千克

肺重1 500千克，肺容量为5 000升

舌头约2 000千克

喷气孔　肺　背鳍　尾鳍

体形呈流线形　前鳍　骨盆　胃

肝脏有1 000千克，心脏有500千克

若将它的肠道拉直，则足有200～300米

×1　×35

195吨

这个大块头在海里是靠什么来行动的呢？如果我们把它看作是一艘大船，那么扁平而宽大的水平尾鳍就是它前进的动力，尾巴的灵活摆动使其快速行进，同时还担负着使身体上下起伏升降的掌舵作用。而由前肢演变的两个鳍肢，则相当于桨，既保持着身体的平衡，又可以协助转换方向，这使它的运动既敏捷又平稳。蓝鲸尽管体型巨大，可它前进的时速高达28千米/时。接下来让我们了解一下它的生活习性：

蓝鲸的嘴唇宽，口巨大，但是你们能想到吗，它的嘴里没有任何牙齿。它是靠什么咀嚼食物的呢？原来，在蓝鲸的上腭生有1米长、0.5米宽的须板，密集地排列，可达三四百枚，就像一个开口的大笼子，把食物吞进去后，立即把笼门关闭，再通过肚子里的60～90个像手风琴的风箱一样的凹槽（称为腹褶）把水排出。

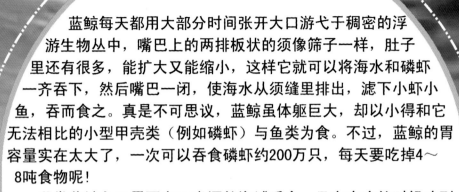

　　蓝鲸每天都用大部分时间张开大口游弋于稠密的浮游生物丛中，嘴巴上的两排板状的须像筛子一样，肚子里还有很多，能扩大又能缩小，这样它就可以将海水和磷虾一齐吞下，然后嘴巴一闭，使海水从须缝里排出，滤下小虾小鱼，吞而食之。真是不可思议，蓝鲸虽体躯巨大，却以小得和它无法相比的小型甲壳类（例如磷虾）与鱼类为食。不过，蓝鲸的胃容量实在太大了，一次可以吞食磷虾约200万只，每天要吃掉4～8吨食物呢！

　　通常蓝鲸白天需要在百米深的海域觅食，只在夜晚的时候才到水面觅食，所以它的潜水能力也不差哦。当你看它的大尾巴高高竖起时，那一定是蓝鲸要潜水了。一般进行10～20次小潜水后接一次深潜水，潜水间隔时间很短，一般为12～20秒。深潜水的时间一般可持续20分钟左右，最长的潜水时间记录可超过半小时。

浮游生物分类					
巨 型 浮游生物	大 型 浮游生物	中 型 浮游生物	小 型 浮游生物	微 型 浮游生物	超微型 浮游生物
＞1厘米	5～10毫米	1～5毫米	50微米至1毫米	5～50微米	＜5微米
水母	磷虾	小型水母	蓝藻	甲藻	细菌

蓝鲸是动物世界中当之无愧的巨无霸和大力士，它的功率可以与一辆火车头的力量相匹敌。如果用它拖拽800马力的机船，甚至在机船倒开的情况下，仍能以每小时4～7海里的速度跑上几个小时。

如此庞大的身躯当然会影响蓝鲸的游泳速度。比如：它在摄食的时候游速每小时2～6千米，洄游时每小时5～33千米。当遇到危险情况时，它的最大速度也可以达到每小时20～48千米。

那么我们在哪里能够见到它呢？蓝鲸在全世界海洋都有分布，以南极海域数量为最多。因为，蓝鲸喜欢水温为5～20℃的温带和寒带冷水域，在那里它可以经常吃到磷虾等浮游生物。

鲸类奇才 座头鲸 ZUO TOU JING

为什么称座头鲸为奇才呢?

    首先座头鲸长相奇妙:它的背部与其他鲸平直的背部不同,是向上弓起的,因此,"座头"之名源于日文"座头",意为像"琵琶"一样,故也称为"弓背鲸"或者"驼背鲸"。

中文学名	座头鲸
学名	*Megapteranovaeangliae*
别称	大翅鲸、驼背鲸、巨臂鲸、锯臂鲸
门	脊索动物门
纲	哺乳纲
目	鲸目
亚目	须鲸亚目
科	须鲸科
属	大翅鲸属

6

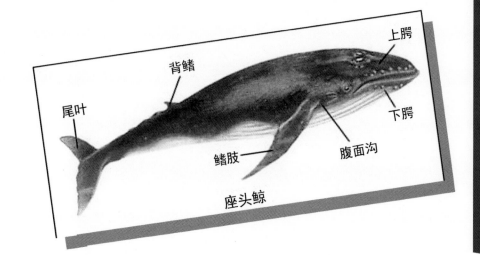

背鳍
上腭
尾叶
鳍肢
腹面沟
下腭
座头鲸

1.外形特征

座头鲸虽然没有蓝鲸大，但也是个庞然大物。成年座头鲸平均体长为13～14米，最大记录雌性体长可达18米，也就是说如果让它倒立起来，就相当于6层楼那么高。体重25～30吨，虽没有蓝鲸那么重，却也抵得上5头成年非洲象了。

2.生活习性与分布

一张巨大的嘴巴，长在扁平而相对较小的头上，有趣的是在它的嘴边有30个左右突起的肉包，每个突起的肉包上面都长出一根毛，而身体的其他部位却很光滑。

座头鲸的捕食方法很巧妙。座头鲸也是以磷虾等为主要食物，但它的捕食方法很特别：有冲刺式的，面对虾群张开下腭，侧身或仰身冲向虾群吞食；有轰赶式的，当密集的虾群游过来时，它就用尾巴把虾群赶向嘴边，食之；最有趣的是吐气泡拉网式的，先要通过螺旋姿势向上游动，同时吐出大小不等的气泡，然后使最后吐出的气泡与第一个吐出的气泡同时上升到水面，形成一种圆柱形或管形的气泡网，像一只巨大的海中蜘蛛结成的蜘网一样，把磷虾等紧紧地包围起来，这时它便张开大嘴，吞下网内的猎物。

歌唱家

座头鲸不仅可以破水而出，而且能翘尾下潜；不仅听觉敏锐，而且歌声悦耳。雄性座头鲸能够发出7个八度音阶的音，一年中约有半年时间整天都在唱歌。有意思的是，它们会利用歌声进行"艺术交流"，印度洋的座头鲸移居到澳大利亚的太平洋海域后，它们的"流行曲"就被澳洲"土著"座头鲸学会了，因此，各地的座头鲸无论相隔多远，无论它们生活在哪里，它们发声的基调都大致相同。特别是座头鲸的大合唱更是无与伦比，它们能按照一定的节拍，有章有法地将短语按音节长度来表现。真的是太神奇了！座头鲸之所以这么聪明，科学家研究发现，座头鲸的大脑中存在一种特殊的神经细胞，这种细胞以前只在人类、类人猿及海豚等较聪明动物的大脑中发现过。尽管座头鲸大脑中这种特殊神经元的具体功能我们还不是很确定，但猜测可能与座头鲸的认知能力有关，比如学习、记忆及环境识别等。不愧是鲸中奇才！

潜水能手 海豹

海豹对于大家来说并不陌生，我们在动物园或海洋馆里经常会见到它。海豹是鳍足类中的一个大家族，生活在寒温带海洋中。全世界共有19种。因为它们的脸部长得像猫而得名海豹。常见的海豹有象海豹（因鼻子能膨胀像大象而得名）、僧海豹（因头形似和尚而得名）、带纹海豹（身披白色带纹）、斑海豹（体色斑驳）、冠海豹（雄兽头上具有鸡冠状黑皮囊）。

中文学名	海豹
学名	*Megapteranovaeangliae*
门	脊索动物门
纲	哺乳纲
目	食肉目
亚目	鳍足亚目
科	海豹科

我是海狮,不是海豹,因为我有小耳朵,海豹没有噢!

1.外形特征

　　海豹的身体不大,有1～2米长,最大的个体重150千克,雌兽略小,重约120千克。海豹头部光滑,眼睛很大,身体呈流线形,胖胖的,四肢为鳍状,适于游泳,游泳速度可达每小时27千米。但海豹的前脚短,后脚长,游泳时大都靠后脚。鳍脚上有毛,有5趾。耳朵极小或退化成只剩下2个洞。后脚不能向前弯曲,脚跟已退化,与海狮及海狗等相异,不能行走,只能弯曲爬行。

2.生活习性与分布

　　海豹是肉食性海洋动物,食物以鱼和贝类为主。海豹除了脱毛和繁殖时才到陆地或冰块上生活外,其余大部分时间栖息在海中。尽管海水很冷,但是海豹皮下有厚厚的脂肪,不但可以保暖,还可以提供食物储备,同时还能产生浮力。世界上所有海豹身体均呈纺锤形,非常适合游泳,游泳时,依靠后肢和身体后部左右摆动来推动前进。登陆后,依靠前肢和上体部位不停地蠕动来艰难爬行。上岸后的海豹有趣得很,你看,它扭动着前肢短短的鳍脚和胖胖的身体缓慢爬行,跌跌撞撞,显得十分笨拙。可是到了海里,它那笨拙的身体会变得异常灵活。尽管它的游速一般,但它潜水的本领可堪称一绝。它不但可以轻而易举地潜入深海,还可以长达20～30分钟不呼吸,更可以从容自如地穿梭来往,捕食各种鱼类。尤其是斑海豹,游泳时可以潜至300米左右的深水处,每天潜水多达三四十次,每次持续20分钟以上。鲸类、海豚等海洋兽类都不是它的对手。够厉害的吧!

它是凭借什么有如此高的潜水技能的呢？西太平洋斑海豹的视力极好，无论是水下还是陆地，它对物体的识别力都很强，即便是在水下昏暗的弱光下，也可以探测到400多米深处的运动物体，从而捕获猎物。不仅如此，它的听力也很好，能准确地定位声源。潜水如此之深，这与它耳鼻的特殊功能有关，潜水的时候，它能够将鼻孔和耳孔中的肌肉活动瓣膜关闭，这样就避免了海水进入耳、鼻。因此，称它为"潜水能手"当之无愧！

海豹分布范围很广，在南极海豹的数量最多，其次是北冰洋、北大西洋、北太平洋等地。在我国，渤海辽东湾是全球斑海豹8个繁殖区之一，也是唯一能在中国海域繁殖鳍足类动物的地域。

由于经济价值很高，海豹遭到残忍捕杀的情况在世界各地时有发生。除捕杀外，海洋环境的污染对海豹来说也是毁灭性的。

你叫声"汪"给我听听！

我叫海豹，小名海狗。

斑海豹

斑海豹，体长1.5～2米，雄性最大体重150千克、雌性120千克。斑海豹分布很广，主要在北半球的高纬度地区，在中国主要分布于渤海和黄海。食物主要捕食鱼类，也吃头足类和甲壳类动物。

髯海豹

髯海豹，又叫胡子海豹，因其吻部密生长而粗硬的胡须而得名。最长的胡须长14厘米，上唇每侧约有106根胡须。雄性体长2.8米，雌性体长2.6米，平均体重400千克。全身棕灰色或灰褐色，背部中央线颜色最深，向腹部渐浅，无斑纹。髯海豹主要分布于北冰洋、北大西洋、北太平洋，不分布于南半球。1972年，在中国浙江省平阳县海域曾捕获一头体长176厘米、体重71千克的雄性髯海豹。髯海豹主要捕食底栖动物，如虾、蟹、软体动物，以及鳙、鲽等底栖鱼类，但也捕食乌贼。

灰海豹

灰海豹，雄性长约3米、重约300千克，雌性约2.3米、重250千克。雄性成年灰海豹的颈部很粗，并有3～4道皱纹，这是它和斑海豹的区别之一。灰海豹的分布很广，北冰洋和大西洋都有分布，仅存数量有2.5万～5万头。灰海豹的食性很广，但主要是鱼类。

环斑海豹

环斑海豹，本属有环斑海豹、贝加尔湖环斑海豹、里海环斑海豹。环斑海豹是所有海豹中身体最小的一种。大的雄兽长1.4米，体重90千克，面部像猫。环斑海豹的食性相当广泛，从无脊柱动物到鱼类，总数超过75种。其主要天敌有白熊和极鲨。环斑海豹主要分布于整个北冰洋、鄂霍茨克海、白令海、波罗的海、拉多加湖和贝加尔湖、里海。

环海豹

环海豹，属海豹中的小型种，又称带纹海豹、绶带海豹。体长1.6～1.7米，体重70～148千克。雄兽为暗灰蓝紫色或暗灰红紫色，围绕颈部有一条很宽的环状白带。雌兽全身淡色，基本呈深灰褐色或深棕灰色。带纹海豹仅栖息于北半球，主要分布于白令海及鄂霍茨克海，喜栖于浮冰上或远离人烟的海岛上，不成大群。食物主要是狭鳕和头足类动物。

鞍纹海豹

鞍纹海豹，又叫格陵兰海豹。体长1.8米左右，体重180千克。全身白色或棕灰色，从背部两肩处斜向尾部有一"∧"形黑色带，形状颇似鞍故名鞍纹海豹。仅分布于北极海域的俄罗斯北侧、格陵兰周围，以及加拿大和纽芬兰北侧。

僧海豹，体长2.6～2.8米，体重平均可达400千克，头部很圆，且被细密的短毛，看上去宛如和尚头，故名僧海豹。 该种海豹已是一种极稀少的动物，只限于分布在北纬20°～30° 的夏威夷群岛的下风链岛、加勒比海、黑海。 但遗憾的是，加勒比海僧海豹被证实已经灭绝，最后一次见到的时间是1958年。

僧海豹

威德尔海豹，体长3米左右，体重300多千克，喜栖于与南极大陆相联的固定冰上，是哺乳动物中分布最南的种，也是南极比较常见的海豹。 它的潜水能力很强，可潜入600多米的深处，持续约43分钟，潜水能力居鳍脚勒动物之冠。以捕食鱼类（杜父鱼）和乌贼为生。

威德尔海豹

罗斯海豹

罗斯海豹，体长约2.3米，体重150～215千克，是南极海豹中数量最少的一种。其颈部很粗，收缩时颈部皮肤可以形成很大的皱褶，头能缩进去，几乎可完全藏在颈褶中。它还能发出似鸟叫的声音。其主要分布于南极大陆周围的浮冰带附近。

豹海豹

豹海豹，体长为4.5～5米，体重300～350千克，不仅具有豹一样的斑点而且性情也像豹，是海豹中最凶残的一种。它除捕食鱼类和乌贼外，还专吃恒温动物，也吃企鹅等鸟类，甚至鲸、其他海豹等。从南极洲的浮冰线到澳大利亚、新西兰，南美、非洲最南部及附近岛屿都有分布。

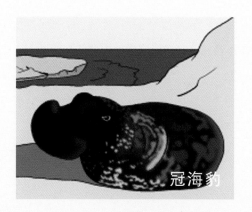

冠海豹

冠海豹，雄性平均体长2.5米、重192～352千克，雌性2米、145～300千克。当遇到恐吓或兴奋时，其鼻子吻部前面可以膨胀成囊状突起，所以人们又其为囊鼻海豹。主要分布在北大西洋和北极海域，主要食物为鱼类。

北象海豹

象海豹，是海豹科中体型最大的一种，其突出特点是雄性鼻子在兴奋或发怒时可膨胀。本属包括南象海豹和北象海豹。最大体长可达6.5米、体重3 600千克，是整个鳍脚目中个体最大的动物。

食蟹海豹

食蟹海豹，雌性体长多在2.16～2.41米，最长3.00米；雄性2.03～2.41米，最长2.57米，重200～300千克，主要以磷虾为食，食性与须鲸相似。喜群居，在冰上活动灵巧而迅速，主要分布于南极大陆周围，亦属南极沿岸的特有动物。

海中活化石
海龟

中文学名	海龟
学名	*Chelonioidea*
别称	活化石
门	脊索动物门
纲	爬行纲
目	龟鳖目
亚目	曲颈龟亚目
科	海龟科、棱皮龟科
属	龟类

说到龟，大家的眼前一定会浮现出那个身背大硬壳、走路慢吞吞的丑陋的家伙。而海龟是专指生活在大西洋、太平洋和印度洋中，属龟鳖目海龟科动物的统称。中国产的属于日本海龟，从山东到北部湾近海均有分布。我们平时所见的海龟都不是很大，其实大海龟最长的可达1米多，体重可达100千克。沿海地区的人们称它为"长寿龟"，被视为长寿的象征。的确，海龟的寿命很长，最大的为150岁左右。海龟的祖先出现已有2亿多年了，它是存在了1亿年的史前爬行动物，被称为海中的"活化石"，为国家二级保护动物。几乎所有的海龟都有壳，只有棱皮龟没有壳。

外形特征

我们来仔细观察一下海龟的长相：上颌平出，下颌略向上钩曲，腭喙像锯齿一样尖锐。头顶有一对前额鳞。背甲心形，颜色为橄榄色或棕褐色，混杂着浅色的斑纹，腹甲呈黄色。体背的盾片镶嵌式排列，其中椎盾5片、肋盾每侧4片、缘盾每侧11片，有了这些盾片就可以防御敌人的侵害了。海龟与陆龟不同的是，海龟不能将它们的头部和四肢缩回到壳里，它的四肢就起到了船桨一样的作用。前肢长于后肢，主要产生动力，后肢则像舵一样掌控方向，所以在海里它可以自由活动。

前面我们说到，几乎所有的海龟都有壳，只有棱皮龟没有壳。这是不是很奇怪？是的，棱皮龟也叫"革龟"，因为它的背部没有角质板，而是被一层很厚的柔软的革质皮包裹，背甲由骨板组成，上面形成7条纵棱，因而得名。它是海龟中个头最大的，长可达3米，仅龟背长的有2米多，重达1吨，可称得上是海龟中的巨无霸了。海龟中最小的要数橄榄绿鳞龟了，它只有75厘米长、40千克重。玳瑁体型也较小，体长60～170厘米，体重一般为45千克左右。生有一张鹦鹉般的尖钩嘴，尾巴短小，一般不露在甲外。玳瑁背甲呈覆盖瓦状排列，颜色呈棕红色，有浅黄色小花纹。

　　大多数的海龟生存在沿海比较浅的水域、海湾、泻湖、珊瑚礁或流入大海的河口。海龟是没有牙齿的，但是它们的喙却非常锐利，可以轻易撕咬食物。不同种类的海龟有着不同的饮食习惯，可将海龟分为草食、肉食和杂食三类。海龟通常以鱼类、头足纲动物、甲壳动物及海藻等生物为食。海龟在饮食的同时也吞下海水，自然会摄取大量的盐，那么这些过量的盐如何排除掉呢？这就引发了人们"海龟会哭"的错误认识。其实，海龟有一个天然的"海水淡化器"——盐腺,它长在海龟的眼睛附近。海龟通过盐腺把多余的盐分从体内排出，所以在岸上，我们偶尔会看见海龟流泪，这其实是海龟排盐的过程。

海中蝙蝠
蝠鲼
Fu Fen

蝠鲼，听这个名字我们就很陌生，它是一种生活在热带和亚热带海域底层的软骨鱼类，在海洋中已有1亿年的历史，为原始鱼类的代表。

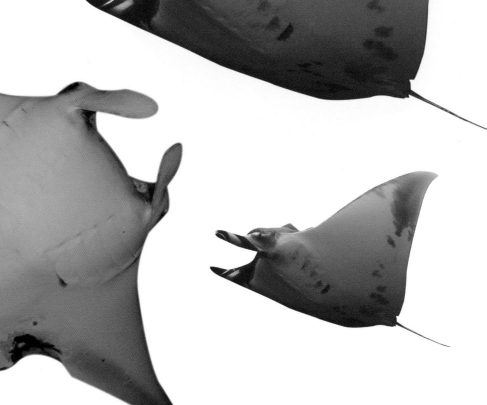

中文学名	蝠鲼
学名	*Devilray/Mantaray*
别称	毯魟
门	脊索动物门
纲	软骨鱼纲
目	鲼形目
科	蝠鲼科

1.外形特征

蝠鲼的形态有些特别：它的体盘宽大扁平、呈菱形，发达的胸鳍就像蝙蝠的翅膀一样，身后拖着一条长尾巴。身体宽大于长，最宽可达8米，长5米。奇特的是头部有一对又薄又窄像耳朵一样的"角"，其实那是它的头鳍。这个"角"并非装饰品，那是它吃饭的工具——"筷子"，蝠鲼就是用这对头鳍向口中收集食物。它的口宽大，牙齿细小而多。鼻孔位于口前两侧，距眼有一定距离。鳃孔宽大，出水孔位于口隅。喷水孔较小，三角形，位于眼后，距眼有一定距离。蝠鲼拖着一条硬而细长的尾巴，一些种类的尾上还具有一个或多个毒刺。从它的身形看是不是与蝙蝠一样啊，可蝙蝠的体重与蝠鲼是无法比拟的，蝠鲼的体重可达3吨呢！

29

2.生活习性与分布

蝠鲼的习性十分怪异：它主要以浮游生物和小鱼为食。经常在珊瑚礁附近巡游觅食。它缓慢地扇动着大翼在海中悠闲游动，并用它头上长着的两只肉足（头鳍）把浮游生物和其他微小的生物拨进它宽大的嘴里。喜欢悠然自得地扇动着三角形的胸鳍，拖着细长的尾巴，在大海中飞翔畅游，蝠鲼安静的时候简直像个娴静的姑娘。当两只蝠鲼相遇时也会若无其事地各自闲游，互不侵扰。即便是遭遇潜水者时，它们也常会羞涩地离开。从不给其他动物带来威胁。

蝠鲼顽皮的时候也会搞些恶作剧。有时它故意潜游到在海中航行的船底，用体翼敲打着小船，发出"呼呼，啪啪"的响声，让人惊恐不安；有时它又跑到停泊在海中的小船旁，把肉角挂在小船的锚链上，把小铁锚拔起来，使人不知所措；有时它用头鳍把自己挂在小船的锚链上，拖着小船飞快地在海上跑来跑去，渔民又无可奈何。虽然它没有攻击性，但是在受到惊扰的时候，它的力量足以击毁小船。

蝠鲼最美的姿态要数它那"凌空出世"般的飞跃绝技。要知道它在跃出海面前需要做一系列的准备工作的：首先它要以旋转式的游姿向上升，当快要接近海面时，将转速和游速加快，突然间跃出水面。只见它时而仰头向上飞跃，势如破竹；时而展翅滑翔，悠然自得；时而来个漂亮的空翻，大显身手；时而击打水面，水花雷动。蝠鲼出水最高时可跳3米多，落水时发出砰的一声巨响，场面优美壮观。如果成千上万条蝠鲼集体凌空飞跃，那场面美不胜收！他的飞翔能力虽然不能和飞鱼相比，对于这种庞大笨重的鱼来说，这已经很不简单了。但也可以飞过小船的桅杆。

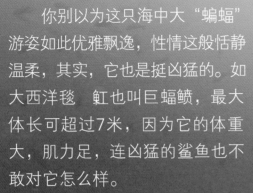

　　你别以为这只海中大"蝙蝠"游姿如此优雅飘逸，性情这般恬静温柔，其实，它也是挺凶猛的。如大西洋毯　虹也叫巨蝠鲼，最大体长可超过7米，因为它的体重大，肌力足，连凶猛的鲨鱼也不敢对它怎么样。

　　蝠鲼主要栖居在热带和亚热带的浅海区域，较少停留或栖息在海底，从离海岸较近的表水层到120米深的海水中都能看见它们的身影。

海中猛兽鲨鱼

一提起鲨鱼，人们都会不寒而栗。鲨鱼是人们生活中经常听到或者在电视、电影、海洋馆等看到过的海洋中最凶猛的鱼类。鲨鱼生存能力极强，据说它要早于恐龙的出现3亿年，这样算来，鲨鱼存在至今已超过5亿年了。世界上约有380种鲨鱼。鲨鱼的体型大小不一，最小的鲨鱼侏儒角鲨，身长约为18厘米，重量还不到454克；最大的鲨鱼可以达到18米，重40吨。

中文学名	鲨鱼
学名	*Shark(s)*
门	脊索动物门
纲	软骨鱼纲
目	侧孔总目
科	鲨鱼
属	鲨鱼

1. 外形特征

鲨鱼身体呈灰褐色，腹部灰白色，各鳍末端为黑色。身体呈纺锤形，皮肤内具有大量黏液腺，分泌黏液使体表黏滑，既可减少游泳阻力，又可使身体免遭病菌和寄生物的侵袭。鲨鱼属于软骨鱼类，骨架是由软骨构成，而不是由骨头构成。

它的躯干粗大，宽扁的头下方有一个宽大呈弧形的嘴。口和鼻因种类不同而具有一定的差异：有尖的，如灰鲭鲨和大白鲨；也有大而圆的，例如虎纹鲨和宽虎纹鲨的头呈扁平状。鲨鱼的躯干部具有无硬棘的背鳍两个，第一背鳍宽大与胸鳍基后方相对，第二背鳍稍小，大小及位置与臀鳍相近。臀鳍和尾鳍各一，胸鳍和腹鳍各一对。胸鳍宽大，尾鳍狭长。大部分种类的尾鳍垂直向上且上大下小，大致呈新月形。鲨鱼的口呈三角形，和吻端有一定距离。鼻孔位于头部腹面口的前方，具有极其灵敏的嗅觉。但是没有像鲸鱼一样的喷水孔。鲨鱼有鳃孔，每侧有5～7个鳃裂（我们常见的鲤，只有一对鳃盖护着鱼鳃）。在游动时海水通过半开的口吸入，再通过鳃裂流出，进行呼吸。鲨鱼的牙齿结构有它的独特之处。我们人类和其他动物一般只有一排牙齿，而鲨鱼是具有5～6排，只要前排的牙齿因进食脱落，后排的牙齿就会补上。这就说明，只有最外排的牙齿才真正起到牙齿的作用，其余几排都是"仰卧"着为备用，而角鲨和棘角鲨等鲨鱼则会更换整排牙齿，因此鲨鱼不用担心牙齿不够用。据统计，鲨鱼在一生中常常要更换数以万计的牙齿，所以它的牙齿不仅强劲有力，而且锋利无比，具有很大的攻击力。据记载，身长在2.44米的鲨鱼其咬食压力每6.45厘米^{2}高达18吨，曾经就有过商船被鲨鱼咬断的事例。真是太恐怖了！其中，大白鲨是目前为止海洋里最厉害的鲨鱼，以强大的牙齿称雄。不同种类的鲨鱼，因其牙齿大小、形状的不同，其功能也不尽相同。因此，鱼类学家只要根据鲨鱼牙齿的形状和大小，就能判别出它是属于哪个目、属、科。

2.生活习性与分布

　　鲨鱼大多以海洋哺乳类、鱼类和海龟等具有高脂肪的海洋动物为食，像海龟、鲸、海狮和海豹等都是鲨鱼的食物。因为鲨鱼肌肉发达的庞大身躯需要大量的能量来驱动。有的也会吃船上抛下的垃圾和其他废弃物。有些鲨鱼能几个月不进食，大白鲨就是其中一种。据报道，大白鲨要隔一两个月才进食一次。

　　鲨鱼不同于其他鱼类，它的身上没有鱼鳔，调节沉浮主要靠它很大的肝脏。为增大在水中的浮力，它必须在肝脏内储存大量的油脂。正因为鲨鱼没有鳔，所以它要靠不停的游动来控制身体，以不至于沉到海底。它们尽管游得很快，但也只能在短时间内保持高速。在水中，大白鲨的速度相对较快，它可以以43千米的时速穿梭，同时还能潜入1 000米深的海底。鲨鱼游泳时，它的身体像蛇一样向前运动，依靠胸鳍控制方向、背鳍保持平衡、尾鳍提供前进的动力。鲨鱼只能前进不能倒退。

　　鲨鱼最敏感的器官就是嗅觉，它可以嗅出水中10^{-6}浓度的血肉腥味来。日本科学家研究发现，在1万吨的海水中，即使仅溶解1克氨基酸，鲨鱼也能觉察出气味而聚集在一起。如5～7米长的噬人鲨，可嗅到数千米外受伤的人和海洋动物的血腥味。在海水中含量为8×10^{-10}的一种人体分泌物——左旋羟基丙氨酸的气味，鲨鱼也可嗅出来。这样说来，有用的气味和有害的气味他们都能嗅出来，既可为捕食带来便利，也可为防御带来警讯。究其原因，是鲨鱼鼻腔中密布着嗅觉神经，如1米长的鲨鱼，其鼻腔中密布嗅觉神经末梢的面积可达4 842厘米^2。

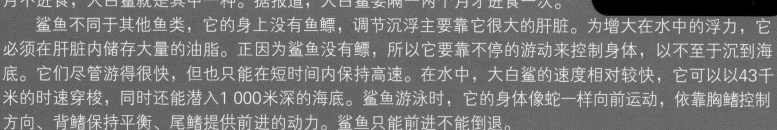

　　鲨鱼不仅具备灵敏的嗅觉，而且还携带电感受器。原因是鲨鱼头部有个能探测到电流的特殊细胞网状系统，被称为电感受器。这也是鲨鱼的第六感——感电力。鲨鱼借着这种能力察觉物体四周1米开外的微弱电场；还可以借着机械性的感受作用，感觉到200米外的鱼类或动物所造成的震动。鲨鱼就是利用电感受器来捕食猎物及在水中自由游弋的。

　　很多人以为鲨鱼十分凶残，但鲨鱼并不是把人类作为攻击目标。即便遭到袭击，在通常情况下，鲨鱼会咬着对方在水中拖动或将其拖入水中，当它发现这并不是它平常的食物时，就会把人放开。反复攻击的情况是很罕见的，事实上鲨鱼很少以人类为食。

　　鲨鱼是世界濒危保护动物。多年来，人们捕杀鲨鱼，就是为了用鲨鱼鳍做成鱼翅汤，实际上鱼翅汤的营养价值和一碗粉丝差不多，吃鱼鳍毫无意义。如果一旦被割去了背鳍，鲨鱼就会因为不能呼吸而窒息死亡。

38

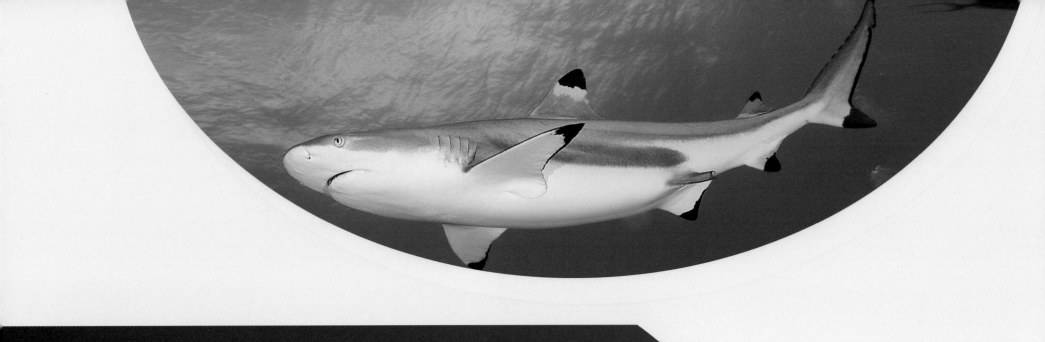

44

海中植物园 珊瑚

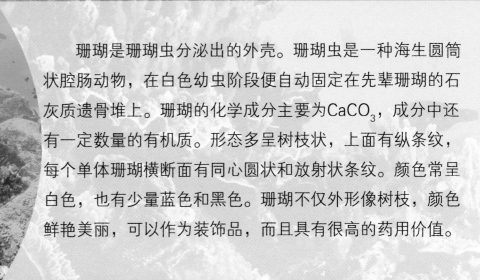

珊瑚是珊瑚虫分泌出的外壳。珊瑚虫是一种海生圆筒状腔肠动物，在白色幼虫阶段便自动固定在先辈珊瑚的石灰质遗骨堆上。珊瑚的化学成分主要为$CaCO_3$，成分中还有一定数量的有机质。形态多呈树枝状，上面有纵条纹，每个单体珊瑚横断面有同心圆状和放射状条纹。颜色常呈白色，也有少量蓝色和黑色。珊瑚不仅外形像树枝，颜色鲜艳美丽，可以作为装饰品，而且具有很高的药用价值。

54

京剧一角 小丑鱼

在珊瑚礁中还有一种可爱的小精灵——小丑鱼，因为脸上都有一条或两条白色条纹，好似京剧中的丑角而得名。它是一种热带咸水鱼。已知有28种。

小丑鱼最大体长才11厘米，成年鱼因地理和行为的缘故，其颜色可变，多彩而迷人。正因如此，它们时时会面临着危险。好在小丑鱼最喜欢和海葵生活在一起，虽然海葵会分泌毒液，但身材娇小的它体表有一层特殊黏液，可保护它不受海葵的那些有毒触手的侵害，怡然自得地在这片"丛林"中进进出出。当遇到危险时，它们就会立即躲进海葵的保护伞下。这样，有了海葵的保护，小丑鱼才可免受其他大鱼的攻击。同时，海葵吃剩的食物也可供给小丑鱼，而小丑鱼亦可利用海葵的触手丛安心地筑巢、产卵。真的是相得益彰啊。

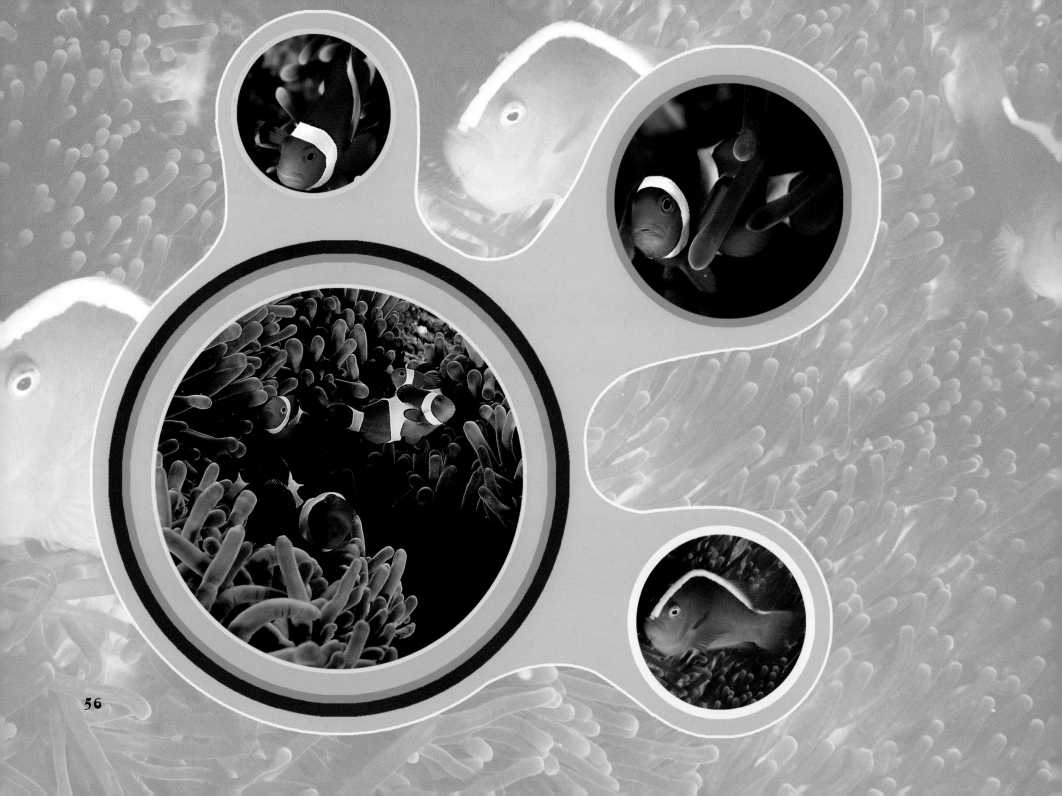

毒刺杀手 海葵

Hai kui

海葵的外表很像植物，但其实它是单体的两胚层动物，也是一种构造非常简单的动物。海葵无外骨骼，躯干呈圆柱形，上端有一个开口，口部周围有充分伸展的软而美丽的花瓣状触手，犹如生机勃勃的向日葵，因而得名。虽然海葵看上去很像花朵，但其实它是捕食性动物，是中国各地海滨最常见的无脊椎动物之一。

海葵身长一般为2.5～10厘米，但有一些也可长到1.8米。海葵颜色和形态各异，有绿的、红的、白的、橘黄的、带斑点的或带条纹的、多色的。那么这些色彩来自何处呢？一是本身的色素。中国有的海葵的那些色彩来自与其共生的共生藻。共生藻不仅使海葵大为增色，而且也为海葵提供了营养。

59

海葵的圆盘状的口周围长满柔软的触手，具有各种奇异形状和色彩。或像卷包花心，或像柳丝下垂，或呈放射状向周围伸展，或呈菊花样在海底绽放。一圈圈，一层层，多者达200余条。触手在水中不停地摇摆，遇到小鱼、小虫、小虾等游过来，便突然快速收缩，小动物们还未来得及作出反应，它们就被触手里的毒刺杀死，成为海葵的果腹之物。

海葵的触手长满了倒刺，那是一种特殊的有毒器官，会分泌一种毒液，用来麻痹其他动物以自卫或摄食。对人类伤害不大，即便如此，海葵也是既摸不得也吃不得的。

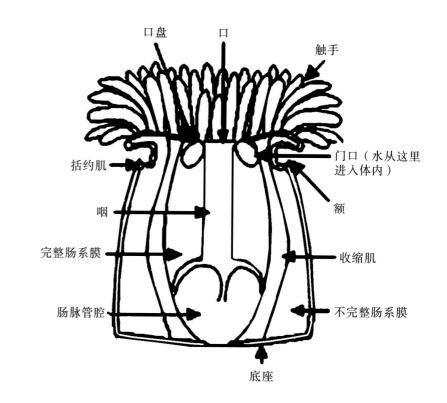

口盘　口　触手

括约肌

咽

完整肠系膜

肠脉管腔

门口（水从这里进入体内）

额

收缩肌

不完整肠系膜

底座

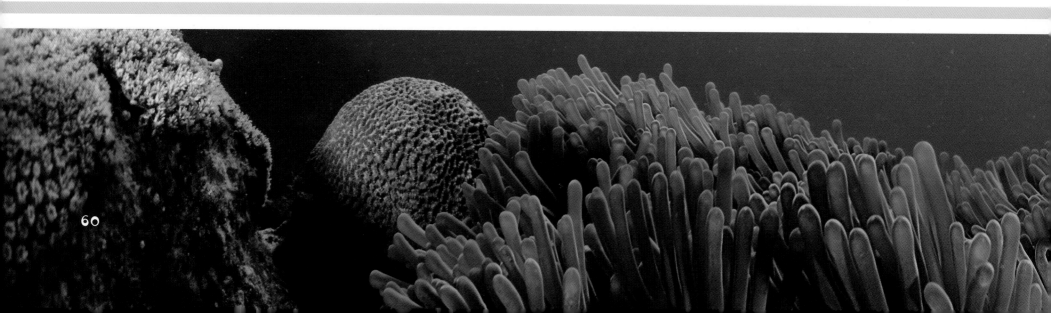

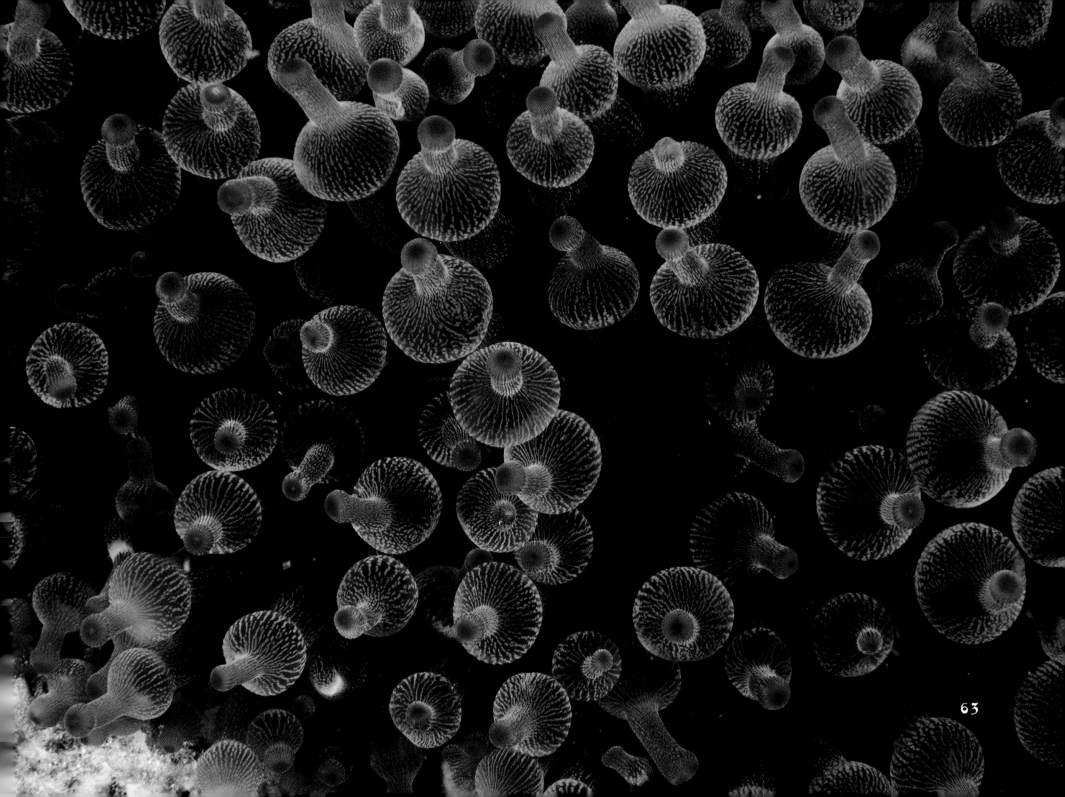

63

64

海洋武士
蓑鲉 suo jian

蓑鲉是珊瑚礁鱼类及鲉科鱼类中最漂亮的一种，只有巴掌大小，又称狮子鱼。美丽的外表使得它在色彩缤纷的珊瑚丛中依然显得耀眼夺目。蓑鲉的鳍很大，但不善于游泳，往往躲在珊瑚礁缝中，等猎物接近时，便会猛地把四面扩张的长鳍条收紧，嗖的一下子窜过去，那些甲壳动物、小鱼就成了它的美食。如果失去珊瑚的保护，蓑鲉就很容易暴露，成为捕食者的目标。但是，它也有自己的办法，蓑鲉背鳍有毒刺，平常由一层薄膜包围着，危险来临时，它就会尽量张开长长的鳍条，使自己显得很大，同时其鲜艳的颜色也在告诫对方"不要靠近，有毒"。即使不幸被捕食者吞掉，也会因为它全身的鳍条而难以被吞到腹中，再吐出来时还会被其背鳍的毒刺刺伤，中毒而死。

海洋贵族 水母

　　水母，一种非常漂亮的水生动物。各式各样的不同种类的水母悠闲地畅游在海洋中，就像海洋中的贵族，高傲而优美。它的身体外形就像一把透明伞，随着水母的游动而上下浮动，煞是美丽。伞的直径有大有小，大水母的伞径可达2米。伞状体边缘长有一些须状的触手，有的触手可长达30米。水母身体的主要成分是水。它们在运动时，利用体内喷水反射前进，远远望去，就像一顶顶圆伞在水中迅速漂游；有些水母的伞状体还带有各色花纹，当这些色彩各异的水母在蓝色的海洋里游动时，看上去十分美丽。但这些美丽的外表下却掩盖着水母凶猛的特性，在伞状体的下面，那些细长的触手既是它们的消化器官，更是它们的攻击武器。它们就是利用触手上布满毒液细胞的刺去刺蜇猎物，使其迅速麻痹而死。

　　尽管水母的身体含有大量的水分，但是它的的确确是肉食性动物，以浮游生物、小的甲壳类、多毛类甚至小的鱼类为食。棱皮龟是水母的天敌，它会轻而易举地用嘴扯断水母的触手，使水母失去抵抗能力而成为自己的美餐。

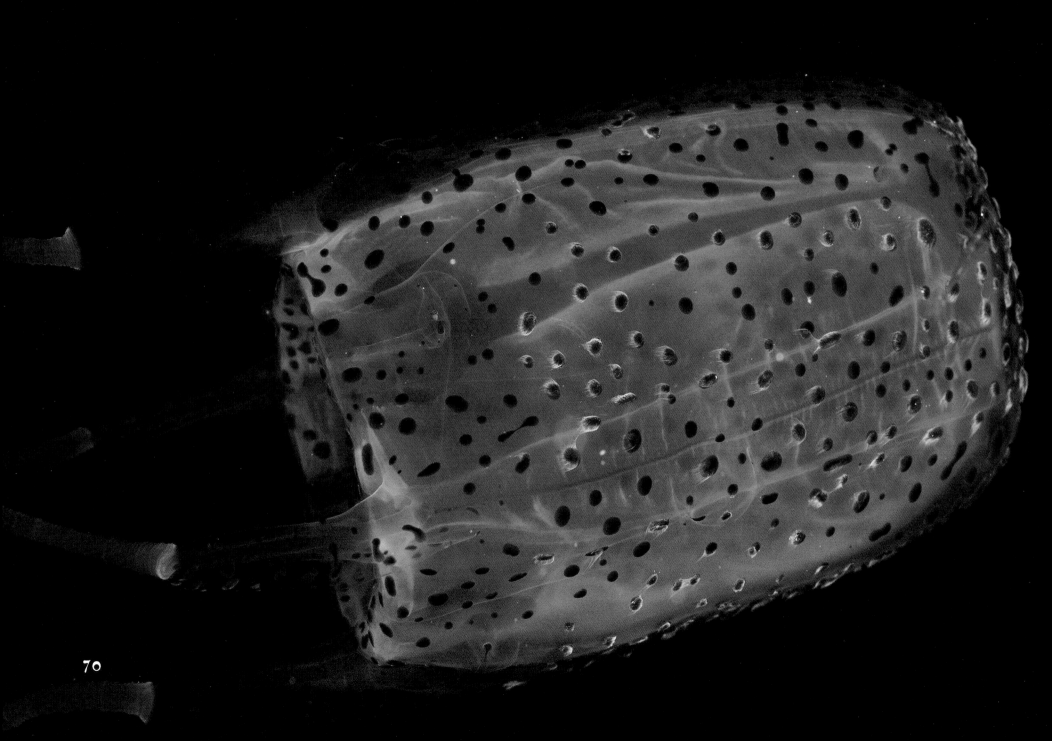

70

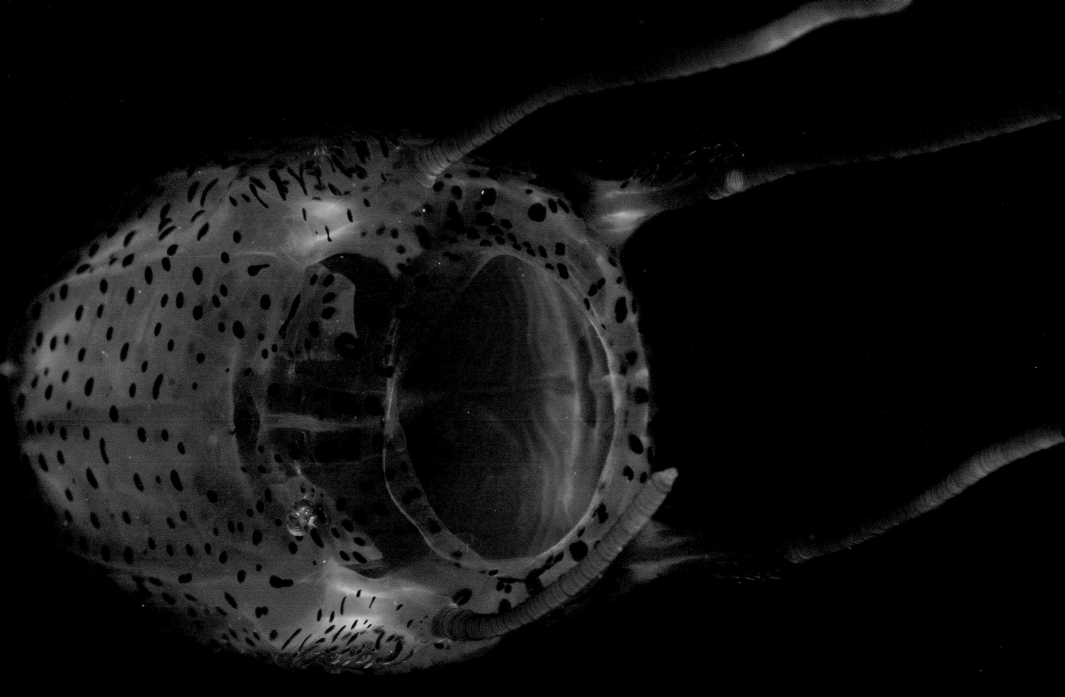

71

海洋
懒惰虫

海马

　　海马是一种小型海洋动物，身长2～30厘米。因头呈马头状而得名。海马是个懒惰虫，它不是自己来活动，或是将自己的尾部缠附于海藻的茎枝之上，或是倒挂于漂浮着的海藻或其他物体上，随波逐流。这个懒惰虫遇到危险可怎么办？每当这时，海马便会使出惊人的速度进行攻击。其每秒游动的距离可以超过自身长度的500倍。相形之下，以飞快奔驰著称的猎豹，每秒的行进速度也不过是它们身长的30倍。

　　有趣的是，海马并不是雌雄同体，海马只是雄性孵化。海马妈妈把卵产在海马爸爸腹部的育儿袋中，爸爸的育儿袋起到孵化器的作用，最后经过50～60天由海马爸爸完成孵化。

海洋群居者 沙丁鱼

沙丁鱼为细长的银色小鱼，是爱群居的近海暖水性海洋鱼类，一般不见于外海和大洋。最初在意大利萨丁尼亚捕获而得名，古希腊文称其 "sardonios"，意即 "来自萨丁尼亚岛"。这种银色的小鱼在不同的灯光下还会变色，蓝色、绿色、紫色等，多彩艳丽。 沙丁鱼的体长仅有20厘米，喜食浮游类生物。喜欢密集群息，沿岸洄游。它们游泳迅速，通常栖息于海水的中上层，但秋、冬季表层水温较低时则栖息于较深海区。沙丁鱼生活的适宜温度为25℃左右，所以夏季随暖流向北洄游，秋季表层水温下降，遂向南洄游，一年一度浩浩荡荡的大迁徙，使得往常平静的海水翻起了无数白色的泡沫，景象蔚为壮观。

沙丁鱼肉主要为食用，但亦可制为动物饲料。沙丁鱼油可用来制造油漆、颜料和油毡，在欧洲还用来制造人造奶油。同时，沙丁鱼还是世界重要的海洋经济鱼类。

78

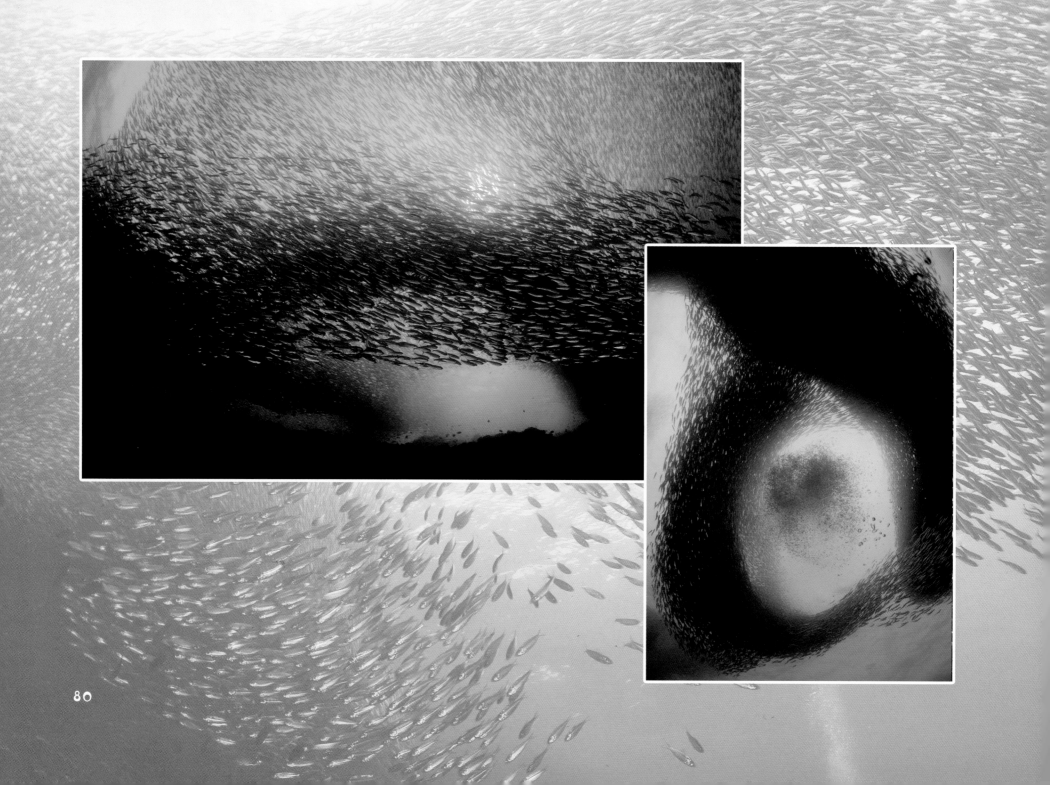